[美]卡洛琳·阿诺德/著　毛晨峰/译

大自然的24小时

森 林

电子工业出版社
Publishing House of Electronics Industry
北京·BEIJING

"起床啦！起床啦！"知更鸟叽叽喳喳地叫着。

这是北美森林里一个凉爽春日的早晨。大树发了新芽，一派生机勃勃的样子。知更鸟在高高的树枝上筑起了新窝。

2

鹿妈妈正在悠闲地吃着树叶，而它的宝宝则安静地卧在它的身边。突然鹿妈妈听见了什么声音，它呦呦地叫了几声就赶紧跑开了。

鹿宝宝的白色斑点帮助它隐藏在森林斑驳的影子里不被发现。

一只松鼠从树上跳下来后便在地上挖了起来，它找到了去年秋天它埋起来的橡子。小松鼠把橡子塞进它的面颊里，然后飞快地回到了树上。

松鼠经常会把坚果和种子埋起来，过一段时间后再去吃它。如果小松鼠们没有把它们挖出来，种子们可能会长成新的大树。

旱獭妈妈正在用力地嚼着蒲公英的叶子。突然，它看见了一只鹰，立刻"咻！咻！"地叫了起来，它的孩子们听到妈妈的警告，马上钻进了地下安全的洞穴里。

在森林的池塘里，一只鹭安静地站在里面，寻觅着鱼和青蛙。它用它长长的嘴来捕食。旁边，一只箱龟在搜寻着蠕虫和蜗牛。箱龟发现蜗牛后，会用嘴巴一口咬住它。

鸭子夫妇在凉爽的水中游着。它们把头伸进水里寻找植物和昆虫。

绿头鸭是鸭子的一种，雄性的头部是绿色的，
而雌性的头部几乎都是棕色的。

一条束带蛇在阳光下取暖，之后沿着地面滑行，藏在了一根木头下。一只蟾蜍跳了过来，束带蛇一口咬住了它，并将它整只吞下。

旁边的灌木丛中，兔妈妈和它的宝宝们正在
休息。傍晚，兔子会离开它们的窝，跳到森林边
缘去吃那里的苜蓿。

棉尾兔有一个白色的小尾巴，
看起来就像一个棉花球。

太阳慢慢下山了，两只黑熊幼崽跟着妈妈穿过森林。熊妈妈发现了一丛橡树苗，咬下了一些嫩叶。熊妈妈吃完后，开始给熊宝宝们喂奶。

一只浣熊从树洞中探出头来，它在等黑熊们离开。黑熊们离开后，它就从树上爬下来觅食，它在森林的小溪中抓到了一只小龙虾。

浣熊的前爪就像人类的手一样，可以帮助它们抓握东西。

夜幕降临, 猫头鹰听见了从地面上传来的
"吱吱"声。原来一只小老鼠正在寻找能吃的种
子, 猫头鹰瞄准猎物, 猛扑下来, 一下抓住了它。

这时候，负鼠起床了。它离开了洞穴，饥肠辘辘地在一根腐烂的树干上挖了一个洞，发现了美味多汁的蛆和甲壳虫，然后饱餐一顿。

负鼠几乎什么东西都吃，包括植物、昆虫、虫卵、蠕虫和动物尸体等。

13

午夜

在森林的池塘旁，一只海狸正在啃着柳树。"轰隆隆！"，柳树倒了。海狸咬下了一根小枝干，啃起它的细枝来。然后，它咬下另外一根树枝，带着它游回住的地方。

海狸住的地方是它搭建的圆顶小窝，可以保护海狸的安全，并使海狸保持干燥，而小窝的入口在水面下。

飞蛾在月光下翩翩起舞，蝙蝠拍打着翅膀捕捉昆虫。春雨蛙发出"哗哗哗"的声音，呼唤着它的同伴。

15

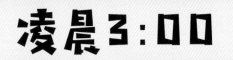

一只狐狸在森林中来回踱步，树叶中传出了"沙沙沙"的声音，是老鼠吗？狐狸猛扑过去，但是小老鼠及时跑开了。

狐狸是肉食动物，不过它也吃水果和一些植物。

16

豪猪用它的四肢扒住树干，爬上大树，找到了
能吃的细枝条和树叶。它全身锋利的刚毛保护它
不被其他捕食者吃掉。

17

天空渐渐变亮了，黎明来临了。夜行动物们开始准备休息了。小狐狸小跑着回到了洞穴，蝙蝠和负鼠也都回到了它们住的地方，昼行动物们则渐渐醒来。知更鸟又叽叽喳喳地叫了起来，小松鼠也活蹦乱跳地从树上跳下来，小鹿们则在森林边上吃着新鲜的叶子。

每个白天和夜晚，森林里的动物们都在寻找食物、水和可以安全休息的地方。森林给它们提供了所需的一切。

18

什么是森林？

森林是有大片树木和灌木丛的区域。世界上主要有四种类型的森林：亚热带常绿阔叶林、亚寒带针叶林、温带落叶阔叶林和热带雨林。本书主要描述的是位于北美洲的落叶阔叶林。

阔叶林的大树在秋天会落下叶子，但在春天会长出新的叶子。橡树、枫树、山核桃树和榆树都是落叶阔叶林中的树木。灌木丛、多叶植物和苔藓也在落叶阔叶林中生长。

在落叶阔叶林里的植物和动物们都要适应季节的变换。在寒冷的冬季，一部分动物会冬眠或者长出浓密的皮毛，其他动物们则会提前迁移到温暖的地方。

不论白天黑夜，森林里的动物们都很繁忙。昼行性动物在白天很活跃，夜行性动物在夜晚很活跃。在这本书里，哪些动物是昼行性动物？又有哪些动物是夜行性动物呢？它们又住在森林的哪里呢？

在哪里可以找到落叶阔叶林?

落叶阔叶林分布于北美洲、欧洲、亚洲、南美洲、澳大利亚和新西兰。它们生长在地球的温带,主要位于很冷的北极和很热的热带之间。

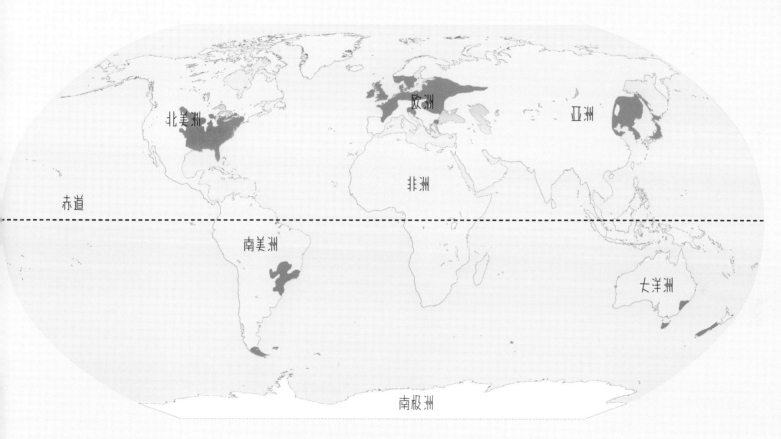

落叶阔叶林

有趣的事实

● 海狸、松鼠和其他啮齿类动物都长着锋利的前牙，并且会不停地生长。所以啮齿类动物必须经常啃咬东西来磨它们的前牙。

● 旱獭是一种个头很大的啮齿类动物。

● 鸭子的羽毛上覆盖有一层特殊的油，可以起到防水的作用。

● 雌性棉尾兔每年最多可以生7窝宝宝，每窝2~7个宝宝。

● "浣熊"的英文一词（raccoon）来自于美国印第安语，意思是"会用爪子抓东西的动物"。

● 负鼠在攀爬时需要用它的尾巴紧紧地拴住攀爬的物体，它甚至还可以利用尾巴悬挂在空中，不过也只能坚持一小会儿。

● 春雨蛙名字的由来是因为它们会在春天不停地叫，雄性春雨蛙会发出"哔哔哔"的声音来引起雌性春雨蛙的注意，想要和它一起生宝宝。

● 一头豪猪身上长着大约3万根刺。豪猪宝宝刚出生的时候，身上的刺还很软，出生1小时后，刺就开始渐渐变硬。

趣味问答题

1. 描述这本书中森林里的一天是如何度过的。

2. 分别说出3种在森林里生活的昼行性动物的名字和它们的猎物。
   然后再说出3种在森林里生活的夜行性动物的名字和它们的猎物。

版权贸易合同登记号 图字：01-2017-6968

图书在版编目（CIP）数据

大自然的24小时. 森林 / (美) 卡洛琳·阿诺德 (Caroline Arnold) 著；毛晨峰译.
北京：电子工业出版社，2018.6
（生命大发现科学图画书）
书名原文：A Day and Night in the Forest
ISBN 978-7-121-33791-8

Ⅰ. ①大… Ⅱ. ①卡… ②毛… Ⅲ. ①森林动物 – 少儿读物 Ⅳ. ①Q95-49

中国版本图书馆CIP数据核字（2018）第039980号

审图号：GS（2018）1495号

策划编辑：张莉莉
责任编辑：王树伟
文字编辑：吕姝琪
印　　刷：北京捷迅佳彩印刷有限公司
装　　订：北京捷迅佳彩印刷有限公司
出版发行：电子工业出版社
　　　　　北京市海淀区万寿路 173 信箱　邮编：100036
开　　本：889×1194　1/12　印张：8　字数：202 千字
版　　次：2018 年 6 月第 1 版
印　　次：2018 年 6 月第 1 次印刷
定　　价：120.00 元 (全套 4 册)

凡所购买电子工业出版社图书有缺损问题，请向购买书店调换。若书店售缺，请与本社发行部联系，联系及邮购电话：
(010) 88254888，88258888。
质量投诉请发邮件至 zlts@phei.com.cn，盗版侵权举报请发邮件至 dbqq@phei.com.cn。
本书咨询联系方式：(010) 88254161 转 1835，zhanglili@phei.com.cn。

[美]卡洛琳·阿诺德／著　毛晨峰／译

大自然的24小时

北美草原

电子工业出版社
Publishing House of Electronics Industry
北京·BEIJING

"咻！咻！"草原犬鼠叫了起来。

　　这是大草原一个凉爽的春日早晨，草原犬鼠一个接一个地从洞里蹦出来，寻找新鲜的嫩草。如果看到天敌，它们就会迅速躲回洞里。

草原犬鼠也叫草原土拨鼠，它们成群生活的地方叫作聚居地，某些聚居地里生活着好几百只草原犬鼠。

2

叉角羚也饿了，它们用锋利的门牙咀嚼叶子和花。假如一只叉角羚感受到危险，就会将它屁股上白色的毛立起来，向其他叉角羚发出危险信号。所有叉角羚都会从草原上奔跑到安全的地方。

3

一只雄性草地鹨（liù）在歌唱。
雌性草地鹨用长长的喙捉住蜘蛛和
昆虫，然后把这些虫子带回鸟巢，喂
养它饥饿的孩子们。

4

附近一个阳光明媚的地方，一只箱龟正在晒太阳取暖。等会儿它就会去寻找蚯蚓和蝴蝶来美餐一顿。如果有大型动物靠近，箱龟就会把头、尾巴和四肢缩进坚硬的壳里，连狐狸或者郊狼锋利的牙齿都咬不动它的壳。

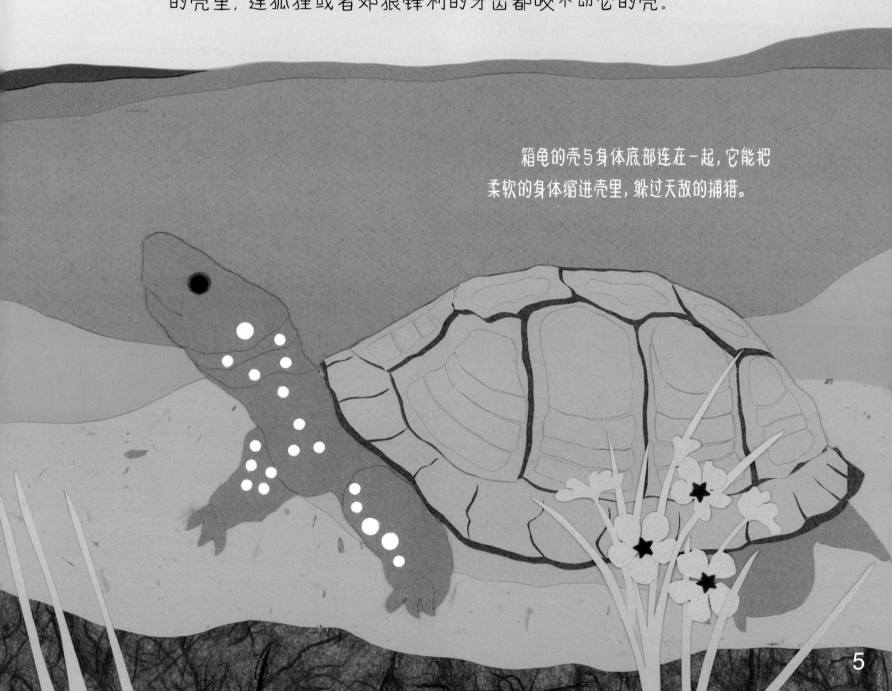

箱龟的壳与身体底部连在一起，它能把柔软的身体缩进壳里，躲过天敌的捕猎。

天气开始变得更加温暖。一只老鹰展开翅膀，借助上升的气流帮助它飞行。它翱翔在大草原上空，寻找兔子、草原犬鼠和其他小动物当午餐。当老鹰盯上猎物的时候，它会高速俯冲而下，用利爪抓住它们。

一群美洲野牛穿过草原，小野牛紧紧跟在
野牛妈妈身边。美洲野牛主要以草为食，它们用
大大的后磨牙缓慢地咀嚼着嫩草。

野牛是美洲草原上最庞大的动物。母野牛的体
重通常都超过54千克，公野牛的体重通常是母牛的2
倍！一头刚出生的小野牛体重大约29千克。

圆网蜘蛛一整天都待在自己的网上，它在等待苍蝇、蜜蜂或者蚱蜢被网丝粘住。一旦猎物被粘住，圆网蜘蛛就会用丝把它包裹起来，然后慢慢吃掉。

一条束带蛇从附近的草丛穿过。它在捕猎蟾蜍、蚯蚓和其他小动物的时候，会吐着分叉的舌头，追踪猎物的气味。如果天气太热，束带蛇就会找一个阴凉的地方待着。

生活在草原上的蛇有束带蛇、王蛇、环颈蛇和响尾蛇。

晚上6:00

到了傍晚，草原犬鼠已经回到它们的洞穴里，大部分鸟类已经找到栖息地度过夜晚。一只长耳大野兔回灌木丛休息之前，要再吃点叶子填饱肚子。

10

在昏暗的光线下，一只穴小鸮（xiāo）钻出它在地下的窝，站在土堆上寻觅猎物。当穴小鸮听到田鼠在草丛里跑动的声音时，它便张开翅膀，悄无声息地猛扑过去，用利爪抓住田鼠。穴小鸮会在黎明前再次捕猎。

空的草原犬鼠的洞穴非常适合穴小鸮筑巢。

11

"呱! 呱!"青蛙在一个小池塘边叫着。
蝙蝠在漆黑的水面上捕捉飞蛾和蚊子。
臭鼬一家停在池塘边喝水。

一只口渴的狐狸等到臭鼬离开才来到池塘边喝水, 它可不想被臭鼬喷到。喝完水之后, 狐狸去捕食老鼠和其他小动物。它也会吃浆果和种子。

如果臭鼬遇到天敌，在它无法逃脱的情况下会向敌人
喷射一种很臭的液体，这种液体来自臭鼬臀部的腺体。

午夜

整个夜晚，囊鼠在草原上来回穿梭，它们将种子、坚果和昆虫塞到颊囊里，等到安全回到洞穴之后再享用这些食物。

一只狐狸听着草丛里的吱吱声和沙沙声，它也能嗅到空气中其他动物的气味。当狐狸发现猎物的时候，它会立即扑过去并咬住猎物。

囊鼠这个名字来自于它脸颊上巨大的囊袋。

15

一只短尾猫脚步安静地匍匐前进，它毛皮上的斑点使它融入阴影，很好地隐蔽起来。它发现了一只忙着搜集种子的田鼠。这只田鼠没有发现短尾猫，短尾猫瞅准时机，猛扑了过去！

16

这只獾也在捕猎，它闻到了老鼠的气味，并且循着气味找到了老鼠的洞穴。獾迅速地用力挖开泥土，并抓住了老鼠。

獾弯曲的爪子能长到5厘米，非常适合挖洞。

18

天开始变亮了。郊狼结束了早晨的捕猎，蝙蝠飞回它们的巢穴，短尾猫蜷缩起来准备好好地睡一觉。獾也回到它们的洞穴。昼行性动物开始苏醒了。鸟儿开始唱歌，蜜蜂嗡嗡叫，草原犬鼠从洞穴里出来了。

每一个白天和夜晚，草原上的动物都在寻找食物、水和可以安全休息的地方。草原给它们提供了所需的一切。

19

什么是北美大草原？

北美大草原位于北美洲中部和西部，夏天炎热，冬天寒冷。

很久以前，北美大草原南北延伸约2400千米，西起落基山脉，东至印地安那州东部，北起加拿大的萨斯喀彻温省，南至美国的得克萨斯州。其中一些草原现在依然存在，但是一部分草原被开发成了农场和城市。

北美大草原的西部是矮草草原，这里的植物大约能长到0.5米高。北美大草原的东部是高草草原。因为在东部有更多雨水和降雪，所以高草草原的植物们能长到1.5米高。北美大草原中部是混合类型草原。

不论白天黑夜，草原上的动物们都很繁忙。昼行性动物在白天很活跃，夜行性动物在夜晚很活跃。在这本书里，哪些动物是昼行性动物？又有哪些动物是夜行性动物？它们又住在大草原的哪里呢？

在哪里可以找到草原？

　　地球上的陆地大约有四分之一被草覆盖。除了南极洲，其他洲都有草原。在北美洲有北美大草原；在南美洲有潘帕斯草原；在欧洲和亚洲有干草原；在非洲有热带稀树草原。靠近赤道的草原一整年都非常热。远离赤道的地方，比如北美的草原，有炎热的夏天和寒冷的冬天。

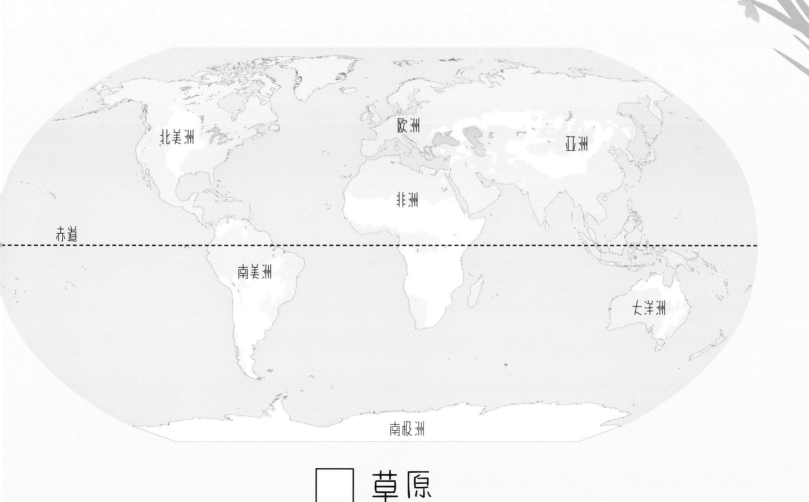

□ 草原

有趣的事实

- 叉角羚有着极好的视力，它们可以看见4.8千米外移动的物体！

- 草原犬鼠的地洞可以用来睡觉、养育后代和储存食物，一些甚至可以用来当浴室。

- 当草地鹨看见天敌，比如蛇，它就会定在那里并且低下头，一动不动地待在那里，直到天敌离开。

- 箱龟刚出生时，它们的大小大概是成年龟的1/4。

- 野牛通过在泥里打滚来躲避昆虫叮咬。

- 长耳大野兔奔跑的速度可以达到每小时64千米。在高速奔跑时，它们一次跳跃可以达到4.6米远。

- 没有两只一模一样的臭鼬，每只臭鼬身上都有它们自己的条纹。臭鼬喷射出的臭液可以达到3.7米远！

- 短尾猫名字的由来是因为它又短又粗的尾巴，看起来就像被剪短了一样。

趣味问答题

1. 描述这本书中草原上的一天是如何度过的。

2. 分别说出3种在大草原里生活的昼行性动物的名字和它们的猎物。
   然后再说出3种在大草原里生活的夜行性动物的名字和它们的猎物。

版权贸易合同登记号 图字：01-2017-6968

图书在版编目（CIP）数据

大自然的24小时. 北美草原 /（美）卡洛琳·阿诺德（Caroline Arnold）著；毛晨峰译.
北京：电子工业出版社，2018.6
（生命大发现科学图画书）
书名原文: A Day and Night on the Prairie
ISBN 978-7-121-33791-8

Ⅰ.①大… Ⅱ.①卡… ②毛… Ⅲ.①动物－少儿读物 Ⅳ.①Q95-49

中国版本图书馆CIP数据核字（2018）第039985号

审图号：GS（2018）1495号

策划编辑：张莉莉
责任编辑：王树伟
文字编辑：吕姝琪
印　　刷：北京捷迅佳彩印刷有限公司
装　　订：北京捷迅佳彩印刷有限公司
出版发行：电子工业出版社
　　　　　北京市海淀区万寿路 173 信箱　邮编：100036
开　　本：889×1194　1/12　印张：8　字数：202 千字
版　　次：2018 年 6 月第 1 版
印　　次：2018 年 6 月第 1 次印刷
定　　价：120.00 元（全套 4 册）

　　凡所购买电子工业出版社图书有缺损问题，请向购买书店调换。若书店售缺，请与本社发行部联系，联系及邮购电话：
（010）88254888，88258888。
　　质量投诉请发邮件至 zlts@phei.com.cn，盗版侵权举报请发邮件至 dbqq@phei.com.cn。
　　本书咨询联系方式：（010）88254161 转 1835，zhanglili@phei.com.cn。

[美]卡洛琳·阿诺德/著　毛晨峰/译

小猛犸童书
生命大发现科学图画书

大自然的24小时
热带雨林

电子工业出版社
Publishing House of Electronics Industry
北京·BEIJING

"咳咔！咳咔！"巨嘴鸟叫了起来。起床时间到了！

这是亚马孙热带雨林的一个清晨。鸟儿们叽叽喳喳地叫个不停，从一个树枝上跳到另一个树枝上寻找食物。它们找到了熟透的水果，然后用长长的嘴巴把水果摘了下来。

巨嘴鸟可以听见800米外的声音，吼猴可以听见4.8千米外的声音。

空气中可怕的叫声来自于一群吼猴，这些体
形很大的猴子们也在找寻食物。它们用手、脚和
尾巴在大树间荡来荡去，一旦发现新鲜的树叶，
就停下来坐在那里吃起来。

一只鬣（liè）蜥懒懒地晒着太阳，来暖和它布满鳞片的身体。它那带刺的后背警告其他动物都离它远一点。然后，它用长长的爪子抓住了一根大树枝，寻找能吃的鲜花、水果和叶子。

蛇的下颌是可以分开的，这样可以帮助它们吞下比它们自己身体还大的食物。

旁边，一条翡翠树蚺（rán）悬挂在树枝上。它藏在绿色的叶子后面，等待着小鸟或者小动物们靠近它。一眨眼的工夫，它就用它的大嘴抓到了猎物，并且整只吞了下去。

长鼻浣熊在树荫下蹦蹦跳跳，它们嬉笑打闹，相互说着悄悄话，在树上和地上寻找着树叶、水果和坚果。浣熊们几乎能吃掉所有的小东西，包括昆虫和死掉的动物，但是它们会远离彩色的箭毒蛙！

有超过1000种青蛙住在亚马孙热带雨林里，它们用长长的舌头来捕捉昆虫。箭毒蛙们只在白天活动。它们的皮肤是有毒的，它们鲜艳的颜色就是在警示捕食者不要靠近。

长鼻浣熊是浣熊的一种，在攀爬时它们会用长长的尾巴来保持平衡。

空气开始变得湿热起来，不一会儿，天空乌云密布，下起雨来。一只树懒正悬挂在高高的树枝上。雨停后，树懒睁开眼睛，慢慢地摘了一片叶子，缓缓地嚼着，然后又蜷缩起来去睡觉了。

　　树懒做什么事情都很慢，它们缓慢的行动很难让捕食者发现。树懒是角雕的主要食物，当角雕发现树懒时，会用它有力的爪子抓住树懒。

角雕是世界上最大的鸟之一，它的爪子长度超过13厘米。

9

影子渐渐拉长，昼行性动物们开始寻找安全的地方来度过夜晚，而夜行性动物们则渐渐醒来。

一只巨大的犰（qiú）狳（yú）从它的洞穴里出来了，它找到了一个白蚁堆，然后用它有力的爪子开始挖，白蚁四散而逃，但是犰狳用它又长又黏的舌头抓住了它们。

10

附近，一只虎猫正打着哈欠伸着懒腰。它认真听
着小动物们的声音，整个夜晚它都会在森林里徘徊，寻
找猎物。

虎猫的眼睛里有一层膜，叫作"明毯"，能反
射光，从而帮助虎猫在黑夜中看见东西。

蝙蝠在夜晚通过自己发出的超声波的回声来寻找方向,这叫作回声定位。

月亮高挂在天空,蝙蝠拍打着翅膀在凉爽的夜空中飞行。有的蝙蝠在追逐着昆虫,还有的在寻找花朵和水果,吸血蝙蝠则在寻找血液。

12

夜猴在高高的树枝间攀爬。大大的眼睛帮助它们在黑夜里看清一切。它们在寻找花朵、水果、叶子和昆虫。这时一只飞蛾飞过，夜猴飞快地抓住了飞蛾，然后将它吃掉。

13

午夜

在潮湿的森林里，狼蛛从洞穴里爬了出来。貘（mò）用它长长的鼻子抓住细枝、嫩芽、水果和浆果等。小鹿则在灌木丛中啃着树叶。当貘和小鹿正在找寻食物时，它们发现了一只饥饿的美洲豹。

狼蛛是世界上最大的蜘蛛，有些狼蛛的身长超过8厘米，腿长超过13厘米。

美洲豹悄无声息地在阴影中前行。身上的斑点可以帮助它们很好地隐藏在树影中。当美洲豹接近猎物时，它们会向猎物猛扑过去，然后一口咬下去。

15

这也是河流和小溪边一天中最热闹的时候。一条水蚺潜伏在水边，它在等待小鹿、水豚或者其他动物来喝水。巨大的水蚺抓到猎物后会用身体紧紧地缠住猎物，勒死猎物后再将它整只吞掉。

水蚺可以达到10米长。

在河对岸，一群水豚跳进河水里寻找着水中的植物。整个晚上它们都在吃饭和休息中度过。黎明破晓时，水豚们就安静下来，准备睡一个白天。

17

天空微亮，夜行性动物们准备去休息了。蝙蝠收起它的翅膀，虎猫和美洲豹也蜷缩起身体，开始打盹，犰狳也回到了洞穴。而昼行性动物们渐渐睁开了双眼，迎来了新的一天。

"咳咔！咳咔！"巨嘴鸟又开始叫了起来，猴子们喋喋不休地吵闹着，蜥蜴和蛇也爬上了树枝。

每一个白天和夜晚，亚马孙热带雨林里的动物们都在寻找食物、水和可以安全休息的地方。亚马孙热带雨林为它们提供了所需的一切。

什么是热带雨林？

热带雨林是浓密的森林，几乎每天都会下雨，这里的植物高大茂盛，全年气候温暖。雨林里大树的树冠就像屋顶一样，可以达到30米高。一些散生树可以达到46米高。树冠是两栖动物、爬行动物、鸟类和哺乳类动物们的家，有些动物一辈子都生活在树冠上，从没下到过地面。

在雨林中，大树的树枝上长满了植物，包括蕨类、苔藓、凤梨科植物和兰花等。凤梨科植物的叶片基部相互重叠，形成一个大大的储水池，许多昆虫、蜘蛛、青蛙和蝾螈都住在里面。

森林的地面上覆盖着一层厚厚的树叶，被称为枯枝落叶层。昆虫、啮齿类动物、青蛙、蛇和其他动物生活在上面。

不论白天黑夜，热带雨林中的动物们都很繁忙。昼行性动物在白天很活跃，夜行性动物在夜晚很活跃。在这本书里，哪些动物是昼行性动物？又有哪些动物是夜行性动物呢？它们又住在雨林的哪里呢？

在哪里可以找到热带雨林？

　　热带雨林位于中美洲、南美洲、非洲、亚洲和大洋洲，大部分靠近赤道。亚马孙热带雨林位于南美洲，是全球最大的雨林。

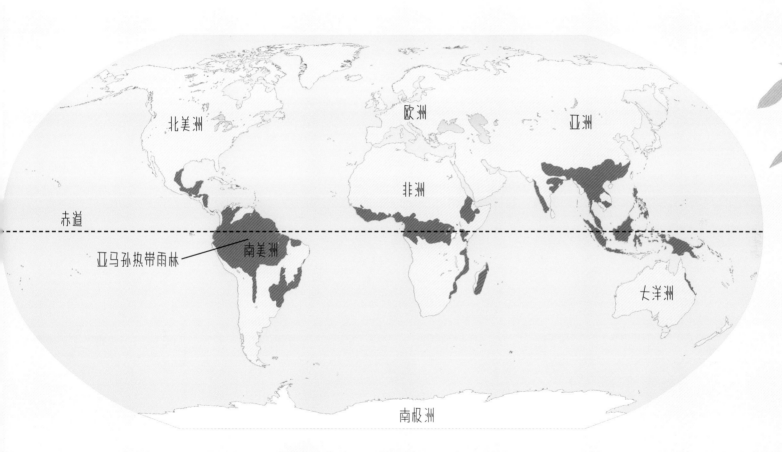

热带雨林

有趣的事实

● 鬣蜥的身长可以达到2米，它们是雨林里最大的蜥蜴。

● 成年的翡翠树蚺是绿色的，就像它的名字一样，但是幼年的翡翠树蚺是橘黄色的，它身体的颜色随着年龄的增长而发生变化。

● 树懒的脖子上有一些特殊的骨头，可以帮助树懒在身体不动的情况下，脑袋几乎可以旋转一整圈。

● "犰狳"在西班牙语中是小装甲车的意思，许多骨片覆盖在它身上，保护它不被天敌吃掉。

● 夜猴也叫猫头鹰猴，在美国，它们是唯一一种在夜间活动的猴子。

● 貘经常住在河边。它们擅长游泳，有时它们沿着河底行走并觅食。

● 水蚺的体重超过100千克，是世界上最重的蛇类。

● 水豚是世界上最大的啮齿类动物，它们的体形和斗牛犬差不多。水豚极其擅长游泳，甚至都可以在水里睡觉。

凤梨

趣味问答题

1. 描述这本书中热带雨林里的一天是如何度过的。

2. 分别说出3种在亚马孙热带雨林里生活的昼行性动物的名字和它们的猎物。
   然后再说出3种在亚马孙热带雨林里生活的夜行性动物的名字和它们的猎物。

23

版权贸易合同登记号　图字：01-2017-6968

图书在版编目（CIP）数据

大自然的24小时. 热带雨林 / (美) 卡洛琳·阿诺德 (Caroline Arnold) 著；毛晨峰译.
北京 : 电子工业出版社，2018.6
（生命大发现科学图画书）
书名原文: A Day and Night in the Rain Forest
ISBN 978-7-121-33791-8

Ⅰ. ①大… Ⅱ. ①卡… ②毛… Ⅲ. ①热带雨林 – 动物 – 少儿读物 Ⅳ. ①Q95-49

中国版本图书馆CIP数据核字（2018）第039981号

审图号：GS（2018）1495号

策划编辑：张莉莉
责任编辑：王树伟
文字编辑：吕姝琪
印　　刷：北京捷迅佳彩印刷有限公司
装　　订：北京捷迅佳彩印刷有限公司
出版发行：电子工业出版社
　　　　　北京市海淀区万寿路 173 信箱　邮编：100036
开　　本：889×1194　1/12　印张：8　字数：202 千字
版　　次：2018 年 6 月第 1 版
印　　次：2018 年 6 月第 1 次印刷
定　　价：120.00 元 (全套 4 册)

凡所购买电子工业出版社图书有缺损问题，请向购买书店调换。若书店售缺，请与本社发行部联系，联系及邮购电话：
(010) 88254888，88258888。
质量投诉请发邮件至 zlts@phei.com.cn，盗版侵权举报请发邮件至 dbqq@phei.com.cn。
本书咨询联系方式：(010) 88254161 转 1835，zhanglili@phei.com.cn。

[美]卡洛琳·阿诺德／著　毛晨峰／译

大自然的24小时
沙漠

电子工业出版社
Publishing House of Electronics Industry
北京·BEIJING

"笃笃！笃笃！笃笃！笃笃！"

这是索诺兰沙漠早春的一个清晨。一只啄木鸟落在一株巨型的萨瓜罗仙人掌上。这种高大的植物非常适合筑巢。仙人掌下，有一匹郊狼正在寻找一个阴凉的地方休息。

萨瓜罗仙人掌能长到12到18米高，是美国最高大的一种仙人掌。

2

一只长耳大野兔看到了郊狼，用它长而有力的腿迅速跳跃着离开了。

一只有鳞的蜥蜴在清晨的阳光下晒太阳。附近，一只振动着翅膀飞行的蜂鸟在采集花蜜，它细长的鸟喙很适合吸取花蜜。高高的岩石上有几只大角羊在吃草。

4

一只饥饿的毒蜥从洞穴中爬出来，寻找一些巢穴中的蛋或者小动物。毒蜥用毒液杀死猎物。

毒蜥在没有食物的情况下，可以依靠储存在尾巴里的脂肪生存一年。

正午的阳光下,影子变短了。此时的沙漠十分灼热。走鹃"咕咕""咕咕"地叫着,抓住了一只奔跑中的小蜥蜴,它把小蜥蜴叼在嘴里,带回去喂它的小宝宝。

一只沙漠地鼠龟正在寻找可以吃的花朵、叶子和草。坚硬的外壳使它保持凉爽。沙漠地鼠龟咬下植物，并细细地咀嚼。吃完饭后，它们就回到自己凉爽的洞穴里。

沙漠地鼠龟需要的水都是从食物中获得的，它能在不喝水的情况下存活一年。

下午，沙漠变得非常炎热。几乎所有的动物都躲起来，不待在大太阳下。地松鼠却丝毫不在意，它蹦蹦跳跳地穿过沙漠，收集地上的种子、水果和昆虫。它的尾巴像一把雨伞一样遮住了烈日。

地松鼠警惕着周围的蛇和其他捕食者。红尾鵟（kuáng）盘旋在空中，正在寻找食物，地松鼠看到红尾鵟就迅速地躲到安全的洞穴里。

地松鼠经常爬到筒形仙人掌上吃果实，很少有人知道它们是如何避开仙人掌锋利的刺而不被扎到的。

天开始变黑了，沙漠的温度迅速下降，夜行动物出来寻找食物。西猯（tuān）在寻找植物的根、果实和种子的时候发出低沉的咕哝声。它们用像铲子一样的鼻子去挖仙人掌根和其他植物。

西猯的外形和习性与猪科动物非常相似。它们是群居动物，一个群体中有时会有超过20头西猯。

刺梨仙人掌中隐藏着一个林鼠洞穴的入口，仙人掌锋利的尖刺保护林鼠不被捕食。刺梨仙人掌成熟的果实对林鼠来说也是一种很好的食物。林鼠喜欢收集种子、叶子、仙人掌的茎和刺，并把它们储存在窝里。

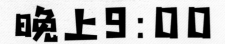

夜晚,沙漠的天空中繁星闪烁。一只蓬尾浣熊爬上一株仙人掌,寻找成熟的果实。老鼠从它们的洞里出来搜集种子。一条响尾蛇从岩石下爬出来准备捕食。它能感受到老鼠行动时地面产生的震动。

12

"呜 — 呜 —"一只猫头鹰叫着。它安静地拍动着翅膀，寻找老鼠和其他小动物。它用锋利的爪子抓住猎物，然后带回它的巢穴。

响尾蛇通过中空的尖牙将毒液注入猎物的身体里。

13

午夜凉爽的空气中充满生机。蝙蝠在黑暗的空中飞翔，有的在捕捉小昆虫，有的在吸取仙人掌花的花蜜。

14

沙漠中的有水的地
方被称作绿洲。

"嗷 — 嗷 —"一只郊狼在嚎叫。它整个
晚上都在捕猎，它会捕食昆虫、蜥蜴、老鼠或者其他
任何它能找到的食物。郊狼找到了一个水坑，停下
来喝水。蝎子和狼蛛从附近爬过，寻找蜘蛛或者昆
虫来当食物。

15

整个夜晚，沙漠中的动物都在忙着寻找食物，更格卢鼠找到了一些种子并把它们藏在脸颊里。它会把种子带回洞穴藏起来。

16

更格卢鼠的后肢非常长，善于跳跃。

一只敏狐在搜寻老鼠，它的大耳朵能听到音量小且音调高的声音。敏狐看到了一只更格卢鼠并迅速扑了过去。但是更格卢鼠及时逃走了，逃到了安全的地方。

17

天亮了，太阳从地平线上升了起来，夜行动物安静下来了。猫头鹰回到自己的巢穴，敏狐回到自己的洞穴，西猯蜷缩着开始打盹。现在昼行性动物苏醒了，并开始新一天的生活。蜥蜴晒太阳取暖，长耳大野兔吃着叶子，鸟儿给它们的宝宝寻找食物。

每一个白天和夜晚，沙漠里的动物都在寻找食物、水和可以安全休息的地方。沙漠给它们提供了所需的一切。

什么是沙漠？

沙漠是一个干燥的地方，每年的降雨量少于250毫米。在美国的北部主要有4个沙漠：大盆地沙漠、莫哈韦沙漠、奇瓦瓦沙漠和索诺兰沙漠。

其中，索诺兰沙漠覆盖了美国的亚利桑那州、加利福尼亚州及墨西哥州的索诺拉州地区。在夏季，白天的温度甚至高于43摄氏度。而在冬季，夜间的温度可以降到0摄氏度以下。生活在索诺兰沙漠里的动物和植物必须能适应这样极端的气候。

不论白天黑夜，沙漠里的动物们都很繁忙。昼行性动物在白天很活跃，夜行性动物在夜晚很活跃。在这本书里，哪些动物是昼行性动物？又有哪些动物是夜行性动物呢？它们又住在沙漠的哪里呢？

在哪里可以找到沙漠？

　　沙漠在全球都有分布，有些处在热带地区，而有些处在寒冷地区。世界上最大的沙漠是撒哈拉沙漠，位于非洲。它的面积约960万平方千米。全世界只有1/4的沙漠是含沙的。大多数的沙漠都是充满岩石或者多山的沙漠。

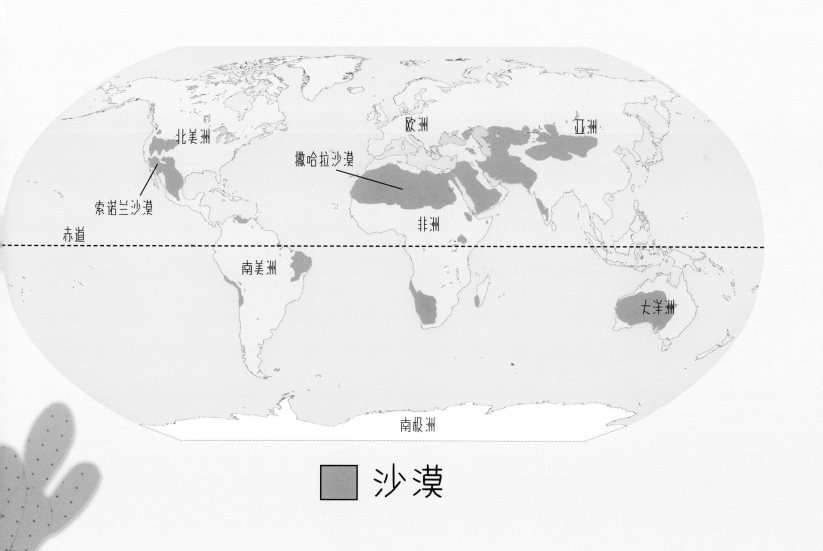

　　　　　　　 沙漠

有趣的事实

- 长耳大野兔的大耳朵可以帮它们降低身体温度，保持凉爽。血液流过耳朵可以发散出多余的热量。

- 毒蜥是美国唯一一种有毒的蜥蜴，它艳丽的颜色就是警告捕食者远离它。

- 厚厚的皮毛可以保护大角羊在白天不被沙漠里炎热的烈日灼伤，夜晚又可以为它保温。

- 沙漠地鼠龟会在地面上挖一个洼洼的洞，下雨时，洞里就会积攒些水供它来喝。

- 走鹃通常不会飞，但是它跑得很快。当它追赶猎物时，它奔跑的速度可以达到每小时32千米。

- 当西猯察觉到危险时，它就会大声地咳嗽，并且发出一种难闻的气味。西猯会使出它们尖刀样的獠牙来保护自己。

- 为了躲避炎热，蝎子经常会把自己埋在沙子里。蝎子坚硬的外壳可以保持它身体里面的水分。

- 毛茸茸的毛可以保护小狐狸的脚底不被沙漠高温的地面灼伤。

趣味问答题

1. 描述这本书中沙漠里的一天是如何度过的。

2. 分别说出3种在索诺兰沙漠里生活的昼行性动物的名字和它们的猎物。
   然后再说出3种在索诺兰沙漠里生活的夜行性动物的名字和它们的猎物。

版权贸易合同登记号 图字：01-2017-6968

图书在版编目（CIP）数据

大自然的24小时. 沙漠 / （美）卡洛琳·阿诺德 (Caroline Arnold) 著；毛晨峰译.
北京：电子工业出版社, 2018.6
（生命大发现科学图画书）
书名原文: A Day and Night in the Desert
ISBN 978-7-121-33791-8

Ⅰ.①大… Ⅱ.①卡… ②毛… Ⅲ.①动物－少儿读物 Ⅳ.①Q95-49

中国版本图书馆CIP数据核字（2018）第039983号

审图号：GS（2018）1495号

策划编辑：张莉莉
责任编辑：王树伟
文字编辑：吕姝琪
印　　刷：北京捷迅佳彩印刷有限公司
装　　订：北京捷迅佳彩印刷有限公司
出版发行：电子工业出版社
　　　　　北京市海淀区万寿路 173 信箱　邮编：100036
开　　本：889×1194　1/12　印张：8　字数：202 千字
版　　次：2018 年 6 月第 1 版
印　　次：2018 年 6 月第 1 次印刷
定　　价：120.00 元（全套 4 册）

　　凡所购买电子工业出版社图书有缺损问题，请向购买书店调换。若书店售缺，请与本社发行部联系，联系及邮购电话：
（010）88254888，88258888。
　　质量投诉请发邮件至 zlts@phei.com.cn，盗版侵权举报请发邮件至 dbqq@phei.com.cn。
　　本书咨询联系方式：（010）88254161 转 1835，zhanglili@phei.com.cn。